Urs Altmannsberger

Lieferkette gerissen
Alles besch*ssen

Wie Einkaufsprofis im Unternehmen die Versorgung mit Gütern und Leistungen in Krisenzeiten sicherstellen und auf Augenhöhe mit dem Vertrieb verhandeln

MIX
Papier aus verantwortungsvollen Quellen
Paper from responsible sources
FSC® C105338
FSC www.fsc.org

Impressum

Die deutsche Bibliothek – CIP-Einheitsaufnahme
Die Deutsche Nationalbibliothek verzeichnet diese Publikation in der Deutschen Nationalbibliografie; detaillierte bibliografische Daten sind im Internet unter https://dnb.de abrufbar

Altmannsberger, Urs:
Lieferkette gerissen. Alles besch*ssen.
Wie Einkaufsprofis im Unternehmen die Versorgung mit Gütern und Leistungen in Krisenzeiten sicherstellen und auf Augenhöhe mit dem Vertrieb verhandeln

Print: ISBN 978-3-9821143-6-1
E-Book: ISBN 978-3-9821143-7-8

Edition Sales & Purchasing

Emminghausstr. 50, 61250 Usingen, www.altmannsberger-verhandlungstraining.de

1. Auflage 2023

Gesamtproduktion, Design, Layout und redaktionelle Mitarbeit:
text-ur agentur Dr. Gierke, Köln, www.text-ur.com

Druck, Buchhandelsanfragen: BoD – Books on Demand GmbH, www.bod.de

Aus Gründen der besseren Lesbarkeit wird auf die gleichzeitige Verwendung der Sprachformen weiblich, männlich und divers verzichtet. Selbstverständlich gelten alle Personenbezeichnungen für alle Geschlechter und sind stets alle Lesenden (m/w/d) herzlich gemeint.

ISBN 978-3-9821143-6-1

Printed in Germany

Urs Altmannsberger war über viele Jahre Einkaufsleiter in mittelständischen und großen Unternehmen. In dieser Zeit hat er ein weltweites Lieferantennetz auf- und ausgebaut – und konnte so seine Begabung als Top-Verhandler einsetzen und immer wieder beweisen. Er war damit für seine Firmen so erfolgreich, dass er sich 2001 als Verhandlungstrainer und -experte selbstständig machte, um sein Wissen und sein Können an mehr Menschen zu vermitteln.
Seither ist Urs Altmannsberger als Verhandlungsberater in Unternehmen tätig, um dort Einkauf *und* Verkauf strategisch voranzubringen, zu strukturieren und gleichzeitig gezielt zu trainieren. Er kann es sich aufgrund seines Könnens leisten, dort nach Erfolg bezahlt zu werden – denn den hat er!
Außerdem begleitet er Unternehmen als Verhandlungscoach, berät und unterstützt sie dabei, anstehende Verhandlungen ergebnisorientiert zu verbessern, Konditionstitel zu entwickeln und die Beteiligten dafür fit zu machen. Zudem übernimmt er als »Verhandler-4-rent« schwierige und großvolumige Verhandlungen im Business.
Seine Kundenunternehmen stammen aus allen Branchen, wie etwa IT, Produktion, Industrie, Pharma, Chemie, Maschinenbau, Handel, Lebensmitteleinzelhandel, Kfz-Hersteller und Zulieferanten, Bau, Versicherung, Energie, Elektronik, Reise, Banken, Dienstleistungen, Telekommunikation, Marktforschung, Gesundheit, Werbung, TV.
Urs Altmannsberger ist viel gefragter Redner auf Fachkonferenzen und erfolgreicher Sachbuchautor, u.a. von »Profitabler Einkauf«, »Profitable Purchasing«, »Verhandeln mit Monopolisten«, »Profitabler Verkauf« und »Alles wieder auf Kette. Wie Vertriebsprofis Lieferkettenprobleme im Verkauf zu Gold machen«.

mail@altmannsberger-verhandlungstraining.de
www.altmannsberger-verhandlungstraining.de

Inhalt

Einleitung: Aus »Ich bin geliefert« wieder ein »Ich werde beliefert« entwickeln

Viele Einkäufer schauen mit Sorge in die Zukunft. Sie klagen über ausbleibende Lieferungen und befinden sich in den Gesprächen und Verhandlungen mit dem Vertrieb in einer fast schon ausweglosen defensiven Situation. So jedenfalls ihre Überzeugung: »Der Vertrieb nimmt eine monopolähnliche Stellung ein, der Verkäufer agiert wie ein Quasi-Monopolist!« Selbst Einkäufer, die sich »früher« über eine starke Verhandlungsposition freuen durften, sehen sich aktuell mit vollkommen neuen Herausforderungen konfrontiert: Ob Elektronikzubehör, Halbleiter, Rohstoffe, Baumaterial, Vorprodukte, Dünger oder Samen – überall und in jeder Branche sind Lieferketten gerissen. Einkäufer schätzen sich glücklich, überhaupt noch »irgendwann« beliefert zu werden – was häufig nur bei enorm gestiegenen Kosten etwa für Transport und Logistik möglich ist.
Gehörst Du zu diesen Einkäufern? Dann habe ich eine gute Nachricht für Dich: Es gibt konkrete, smarte Strategien, wie Du in diesen Krisenzeiten auf Augenhöhe mit dem Vertrieb verhandeln und Versorgungssicherheit für Dein Unternehmen herstellen kannst. Diese smarten Strategien findest Du in diesem Booklet. Damit es auch bei Dir wieder heißt: »Ich werde beliefert« und nicht: »Ich bin geliefert«.

Weniger Gegeneinander, mehr Miteinander

Bevor es weitergeht, ein Hinweis: Du liest, dass ich hier die »Du«-Ansprache wähle. Der Grund dafür: Oft nehmen wir Geschriebenes besser auf, wenn wir direkt mit »Du« angesprochen werden. Bei der distanzierenden »Sie«-Ansprache ist das weniger der Fall, so jedenfalls meine Erfahrung, die ich übrigens auch im Seminarraum mache. Das »Du« schafft Nähe, Verbundenheit und vor allem Vertrauen.

Zurück zu den gerissenen Lieferketten und den schwierigen Verhandlungen mit den Quasimonopolisten aus dem Vertrieb. Einkäufer berichten mir, es gebe nicht nur bei zusätzlich bestellten Mengen des benötigten Produkts Lieferprobleme, sondern auch bei bereits geschlossenen Verträgen. Extrem lange Lieferzeiten von mehreren Monaten und verringerte Zuteilungen – die Horrorliste ist lang. Die Strategien, die Du in diesem Booklet findest, führen dazu, dass Du Dir in Zukunft weniger oder vielleicht sogar gar keine Sorgen wegen unzuverlässiger Lieferketten machen musst. Allerdings wirst Du dabei eine Entwicklung anstoßen, die nicht von jetzt auf gleich zum finalen Ergebnis führt. Ein wenig Geduld ist notwendig – die jedoch belohnt wird, weil Du Dich mithilfe der Strategien zum kreativen Innovator in Deinem Unternehmen entwickelst, der neue Impulse setzen, dabei Ansprüche anmelden, innovative Wege beschreiten, aber letztendlich zweifellos Anerkennung genießen wird. Während es bei den Wettbewerbern heißt: »Überall Panik, alles Mist, wenn die Lieferkette gerissen ist!«, leistest Du in Deinem Unternehmen einen substanziellen Beitrag, wie es weitgehend unbeschadet durch die Krise gelangt. Und ganz nebenbei stärkst Du in Deiner Abteilung die eigene Position, weil es Dir gelingt, in schwierigen Zeiten mit den Quasi-Monopolisten aus dem Vertrieb auf Augenhöhe zu verhandeln, eine tragfähige Beziehung aufzubauen und Win-win-Situationen zu schaffen, die allen Beteiligten helfen. Voraussetzung ist, dass alle Beteiligten neben den eigenen Interessen die Interessen der Gegenseite berücksichtigen. Das sollten Deine Verhandlungspartner aus den Vertriebsabteilungen Deiner Lieferanten ebenfalls einsehen. Denn eines ist klar: Auch viele Vertriebsmitarbeiter pokern zurzeit mit einem schlechten Blatt, haben gegebenenfalls mit eigenen Zulieferschwierigkeiten, Lagerengpässen, Krankenständen, Fehlkalkulationen zu kämpfen. (Tipp: Wenn Du noch mehr über die Vertriebsperspektive lernen willst, dann kann ich Dir das Booklet »Alles wieder auf Kette« empfehlen – siehe auf der letzten Seite in diesem Booklet.)

Letztendlich geht es darum, von einem Gegeneinander wieder zu einem Miteinander zu gelangen, ohne die eigenen Interessen aus den Augen zu verlieren.

Zeitenwende – auch im Einkauf

Manchen Einkäufern fällt es schwer, die Zeitenwende zu akzeptieren, die sich im Einkauf ergeben hat. Denn wer hätte gedacht, dass sich das Leben und Gefühl der Einkäufer so stark wandelt und »Erfolg« jetzt so ganz anders definiert wird als »früher«. Vor der Zeit von Logistik- und Lieferkettenproblematik galten diejenigen als erfolgreiche Einkäufer, die gute Preise und Konditionen verhandelt haben, am besten in Verbindung mit »Just in Time«-Lieferungen. Doch plötzlich ist angesichts der Lieferengpässe vor allem entscheidend, die erforderlichen Güter, Produkte, Waren, Dienstleistungen in der notwendigen Qualität und Lieferzeit überhaupt erst einmal zu finden und beschaffen zu können. Angesichts der Engpässe heißt es: »Hauptsache, Zulieferung sichern!« Aber dieser Satz darf nicht enden auf: »... egal, zu welchem Preis!«

Die Machtverhältnisse haben sich verlagert. 2015 erschien in der »Wirtschaftswoche« der Artikel »Krankes System«, in der das Agieren der Einkaufsabteilungen der großen Automobilkonzerne insbesondere gegenüber den Zulieferern mit Begriffen wie »Giftig, eisig und gallig« und »Ausbooten, austricksen, ausnehmen« beschrieben wurde (siehe Rebecca Eisert und Henryk Hielscher: Krankes System. In: Wirtschaftswoche, Nr. 4 vom 19.01.2015, S. 50–54). Eisert und Hielscher führen eine Studie an, nach der seinerzeit 49 Prozent der Zulieferer die Gespräche mit den Einkäufern der Konzerne als »Drohend, erpresserisch« (22 %), »Eisig-giftig« (7 %) oder »Fordernd, einseitig, kühl« (20 %) definiert haben.

Dass sich mindestens momentan und in vielen Branchen die Machtverhältnisse weg vom Einkauf zugunsten des Vertriebs verschoben haben, ist allerdings gewiss. Kein Wunder also, dass mich täglich Hilferufe aus Unternehmen erreichen. Einkäufer und Management geraten in Bedrängnis, weil an allen Ecken und Ende Produktionsmaterialien, Fertigungsstoffe und Arbeitskräfte fehlen. Und als ob das nicht schon belastend genug wäre, werden die Mitarbeitenden aus dem Einkauf oft auch noch aus dem eigenen Haus, von der Geschäftsführung oder den produzierenden Abteilungen für das Chaos verantwortlich gemacht. Schuldzuweisungen aber sind immer kontraproduktiv. Und in diesem Falle meist auch nicht zutreffend. Denn auch im Einkauf hat es bisher – bis zur »Altmannsberger-Cluster-Methode« (siehe S. 14 ff.) – keine Glaskugel gegeben, mit der sich Ereignisse wie die Auswirkungen von Pandemie und feststeckenden Tankern, vom faktischen Schließen der »Werkbank China« mit den Zulieferprodukten, von überforderten Häfen, aufgestauten Containerbergen, dürrebedingt unschiffbar gewordenen Flüssen und ausgefallenen LKW-Flotten hätten voraussagen lassen. Und auch, dass die Coronapandemie die Nachfrage auf null stellt, um anschließend einen Wahnsinnsnachfrageschub nach sich zu ziehen, hat niemand auf dem Schirm gehabt. Das Gleiche gilt auch für einen Krieg in Europa, der die Kraftstoff- und Energiekosten ›raketenmäßig hochschießen‹ und die Logistikkosten mangels Container, Kranführer und Lkw-Fahrer auf ein Vielfaches steigen lässt.

Ohne Glaskugel, aber mit Strategien

Gut – wir werden auch in Zukunft ohne Glaskugel auskommen müssen. Trotzdem lässt sich aus den unvorhersehbaren Katastrophen eine Strategie ableiten, nämlich die, jene Krisen zu analysieren, um Muster zu erkennen, die helfen, bei ähnlichen Situationen zukünftig Vorsorge treffen zu können.

Wenn Dich dieser Hinweis neugierig gemacht hat, darfst Du Dich auf die Strategie freuen, die ich gleich im Detail darlegen werde. Ich stelle Dir in diesem Booklet fünf smarte Strategien vor, die Dir helfen, auf zukünftige Krisen und Wechselbäder der Märkte besser vorbereitet zu sein. Mit diesen Strategien führst Du bessere Verhandlungen mit dem Vertrieb, sicherst die Lieferketten und setzt Dich gegen Angriffe aus dem eigenen Haus zur Wehr – Angriffe, bei denen der Einkauf für jedes Missgeschick in der Firma verantwortlich gemacht wird. Entscheidend ist: Nutz die Ideen, indem Du sie so transformierst, dass sie in Deine (Prosecurement-)Welt passen. Noch ein Tipp: Du kannst mich als »Verhandler-4-rent« oder Einkaufstrainer für Dein Unternehmen hinzuziehen, wenn Du Hürden und Falltüren siehst und wissen willst, wie Du sie überwinden und umgehen kannst (Kontaktdaten siehe am Ende dieses Booklets).

Mein Rat: Führ Dir jeden Tag vor Augen, dass Deine Aufgabe darin besteht, das Bestmögliche aus einer gegebenen Situation herauszuholen. Nicht mehr, aber auch nicht weniger. Vermutlich werden Dir die Fachbereiche Steine in den Weg legen und negative Überraschungen werden Deine Planungen zunichtemachen – denn »Krise« wird das neue »Normal«. Lass Dich dann nicht von denen demotivieren, die neunmalklug daherkommen und behaupten: »Ich an Deiner Stelle hätte es besser gemacht!«

Überblick: Smarte Strategien für die Verhandlung mit dem Verkauf, insbesondere bei Lieferkettenproblemen

- **Strategie 1:** Lerne aus vergangenen Katastrophen und Krisen
- **Strategie 2:** Versetze Dich in Dein Gegenüber
- **Strategie 3:** Nutze die Vorteile von Multisource und Singlesource
- **Strategie 4:** Tausche hemmende Glaubenssätze aus und setze die Zukunft als Verhandlungshebel ein
- **Strategie 5:** Nutze Forecasts, um Deine Verhandlungsposition zu stärken – auch wenn Forecasts in dieser Lage eigentlich unmöglich sind

Strategie 1: Lerne aus vergangenen Katastrophen und Krisen

»Back to the Future – zurück in die Zukunft« – Bei dieser fünfphasigen Strategie möchte ich gemeinsam mit Dir einen Analyseblick in die Vergangenheit werfen, sodass es Dir zukünftig leichter fällt, Vorhersagen für künftige Katastrophen zu treffen, entsprechend Vorsorge zu treffen und die negativen Konsequenzen der krisenhaften Situation zu minimieren.

Phase 1: Die Situation analysieren

Zunächst einmal solltest Du in Ruhe überlegen:

- Welche Gründe sind für Deine Lieferkettenprobleme verantwortlich?
- Welche Auslöser gibt es in der Regel?

Die folgenden Gründe führen zu einem Bandstillstand, zu leergefegten Regalen oder gar drohendem Produktionsstopp – und einem Lieferkettenproblem:

- Streik in einem der beteiligten Unternehmen
- Personalmangel
- Fehlplanungen (nicht nur im Procurement, sondern vor allem in der Geschäftsführung und dem Risikomanagement)
- Rohstoffmangel
- Politische Verschiebungen, Verwerfungen und Veränderungen
- Kriege – auch wenn wir dies in diesem Ausmaß bis vor Kurzem nicht für möglich gehalten hätten
- Erdbeben
- Vulkanausbrüche
- Seuchen

Bestimmt kannst Du die Liste verlängern. Stand 2022/23 sind natürlich zwei Themen in aller Munde: COVID-19 und der Ukrainekrieg. Legen wir die Coronapandemie einmal unter die Lupe und fragen uns: Gab es so etwas bereits früher? Hätten wir vorhersehen können, dass es irgendwann zu diesem Effekt, zu dieser Krise kommt? Spätestens seit dem vierten Quartal 2019 verändert die Pandemie die wirtschaftlichen Gegebenheiten und Rahmenbedingungen. Zuerst wurde die Produktion in China lahmgelegt. Gleichzeitig ging die Nachfrage nach Produkten und Dienstleistungen in vielen Bereichen schlagartig auf Bruchteile des vorherigen Niveaus zurück. Andererseits schossen die Umsatzzahlen zum Beispiel von Toilettenpapier und relativ lang haltbaren Lebensmittel durch Hamsterkäufe in die Höhe. (Ganz zu schweigen von Masken und Impfdosen sowie Medikamenten.) Panisch stellten viele Verantwortliche im Einkauf fest, dass die georderten Produkte und Leistungen nicht dem aktuellen Bedarf entsprachen. Zu viel, zu wenig – die Folge war die völlige Unplanbarkeit in vielen Bereichen des wirtschaftlichen Handelns.

Oft wurden die damit einhergehenden Schwierigkeiten und Herausforderungen als vollkommen neu bewertet. »Ist doch das erste Mal, dass wir mit solch einer Katastrophe konfrontiert werden. Dafür gibt es keine Blaupause. Wir müssen auf Sicht fahren und situativ reagieren!« Das ist sicherlich etwas Wahres dran, aber stimmt dies in dieser Ausschließlichkeit? Coronapandemie ist natürlich ein neues Phänomen. Gewisse Alleinstellungsmerkmale hat die Pandemie schon. Aber die Struktur dieses Ereignisses ist nicht etwas vollkommen Neuartiges. Aber für Dich und Deine Arbeit kommt es primär auf die Auswirkungen an, die sie für die Wirtschaft nach sich gezogen hat. Und da gibt es tatsächlich Parallelen zu anderen katastrophalen Ereignissen, die zu ähnlichen Verwerfungen in der Wirtschaft geführt und großen Einfluss auf die Nachfrage, das Angebot und die damit einhergehenden Preisschwankungen und letztendlich auf die Lieferketten gehabt haben.

Phase 2: Abstrahieren lernen und Musterlösungen entwickeln

Wie wäre es für Dich, wenn Dein Arbeitgeber erkennt, dass Du Katastrophen und Umsatzverschiebungen vorhersehen in der Lage bist, deren Auswirkungen abmildern oder sogar verhindern könntest? Was würde dies für die Entwicklung Deines Unternehmens, für Dich und für Deine Anerkennung und Reputation im Unternehmen bedeuten?

Dazu ein Beispiel zur Verdeutlichung: Peter Berger, Einkaufsleiter eines europaweit tätigen IT-Systemhauses, klagt: »Ständig muss ich die Feuerwehr spielen. Ich renne von einem verhandlerischen Brandherd zum nächsten und komme gar nicht mehr zur strategischen Arbeit eines Einkaufsleiters!« Doch dann entdeckt er: Die Brandherde haben erkennbare Muster, die sich wiederholen, die also weder neu noch unbekannt sind. Die akute Situation hat zwar jedes Mal einen neuen Namen; jedoch sind die Auslöser, die darauffolgende Struktur des Ereignisses und die Problemlösungen, die gefunden werden, stets zumindest vergleichbar.

Peter Berger beginnt damit, die Brandherde zu typisieren und Musterlösungen sowie ein Frühwarnsystem für ähnliche Probleme zu entwerfen. Rund 70 Prozent der späteren Brandherde, so seine Berechnungen, könnten damit von vornherein vermieden werden.

Schauen wir uns eine Detaillösung an: Einen Brandherd bezeichnet Peter Berger als »constrained«. Das ist für ihn die Kurzform für »Produkte, die auf dem Markt schwer zu beschaffen sind. Es ist nicht genügend Ware vorhanden, um die Nachfrage zu decken«.

Er verfolgt die Prozesse rückwärts und erkennt ein sich wiederholendes Merkmal: »Der Key Accounter erhält die proaktive Anfrage eines völlig fremden Kunden. Er freut sich über den unerwarteten Neukunden, für den er gar keine akquisitorische Mühe aufbringen muss, um ihn für sich zu interessieren und zu gewinnen. Später fällt auf, dass der Kunde aufgrund der eingeschränkten Produktverfügbarkeit alle Systemhäuser abgegrast hat.«

Die Lösung: Peter Berger sensibilisiert alle Vertriebsteams, bei ähnlich unerwarteten Anfragen – und sei die Freude über den unerwarteten Auftrag noch zu groß! – zuerst die Verfügbarkeit des Produkts mit dem Einkauf abzuklären, bevor Lieferversprechen abgegeben werden, die nicht gehalten werden können.

Phase 3: Katastrophen clustern und Muster erkennen

Durch den analytisch-strategischen Weitblick ist es dem Einkaufsleiter gelungen, strukturelle Verwandtschaften und Ähnlichkeiten zwischen verschiedenen Ereignissen herzustellen und eine Strategie daraus abzuleiten, die von elementarer Bedeutung für die Gesamtentwicklung des Unternehmens ist. In dem Beispiel profitieren sowohl die Verkaufsabteilung als auch der Einkauf von seinen analytisch-strategischen Fähigkeiten.

In den früheren Katastrophen und Krisen sind mithin die Lösungsmuster von morgen verborgen. Es gilt, diese Muster zu entdecken und für künftige Problemlösungen zu nutzen – auch und vor allem bezüglich der Lieferkettenproblematik. Lass uns die pragmatische Vorgehensweise der »Altmannsberger-Cluster-Methode«, die in drei Schritten erfolgt, im Einzelnen betrachten.

Schritt 1: Im Fokus steht die kategorisierende Zusammenfassung der Katastrophen und Krisen. Ich bevorzuge dafür den Begriff »clustern«. Denn er ist einprägsam, international verständlich und wirft ein gutes Licht auf Deine Fähigkeit, die Dinge auf den exakten Punkt zu komprimieren.

Nimm Dir jetzt 30 Minuten Zeit und schau zurück in die Vergangenheit. Welche Probleme und Katastrophen waren es, die Deinem Unternehmen und Dir hinsichtlich der Lieferkettenproblematik zu schaffen gemacht haben?

- Da gab es beispielsweise einen heftigen Sturm, der mit entwurzelten Bäumen und gerissenen Oberleitungen den Verkehr auf Straße, Schiene und in der Luft lahmgelegt hat.
- Dann gab es vielleicht einen tiefen Winter, der tagelang die Autobahnen in vereiste Pisten verwandelt hat.
- Im Sonmer hat eine Dürre die wichtigen Wasserwege trockengelegt.
- Ein längerer Blackout hat technische Systeme lahmgelegt.
- Später vielleicht gab es einen Streik, durch den die Warenzufuhr lahmgelegt wurde.
- Und dann war da noch ein Jahrhunderthochwasser, durch das ein wichtiges Lager von der Umwelt abgeschnitten wurde.

Deine Aufgabe ist es, in den Einzelkatastrophen ein Muster zu erkennen. Welche Auswirkungen hatten die Problemsituationen? Eine Konsequenz bestand gewiss darin, dass die Logistik behindert und eingeschränkt wurde.

Schritt 2: Ganz gleich, wodurch das Problem ausgelöst wurde – es erhält die Überschrift: »Störung der Logistik«. Damit hast Du Dein erstes Cluster. Jetzt fängt die Arbeit erst so richtig an: Denn nun suchst Du nach weiteren Clustern. Sobald Du fünf Cluster identifiziert hast, ist diese Arbeit zunächst einmal beendet.

Schritt 3: Lösungen entwickeln. Zu jedem dieser Cluster entwickelst Du eine Lösung, die mit hoher Wahrscheinlichkeit bei zukünftigen ähnlichen Problemen und Katastrophen erfolgreich greifen wird.

Phase 4: Mit Clustern Ordnung in Katastrophenszenarien bringen

Ich möchte das Vorgehen mit Dir zur Verdeutlichung nochmals durchspielen und habe dazu einige Cluster vorbereitet. Decken sie sich mit den von Dir gefundenen Lieferkettenstörungen?

- Störung der Logistik: Die Logistik wird beeinträchtigt oder lahmgelegt.
- Manpower: Es fehlen Mitarbeiter für eine bestimmte Tätigkeit oder mit einem bestimmten Know-how.
- Produktionsstätten werden geologisch abgeschnitten.
- Rohstoffe sind nicht in ausreichender Menge vor Ort.

Die Gründe für die Auswirkungen sind unterschiedlicher Natur. Im Beispiel der Logistikbehinderung sind es Sturm, Schnee und Streik. Das macht für Dich aber kaum einen Unterschied. Denn Deiner Fertigung wird es gleichgültig sein, warum die Produktionsmaterialien nicht rechtzeitig bereitgestellt werden können.

Entscheidend ist das fatale Ergebnis: Das Band steht still! Und dem Supermarkt wird es vollkommen egal sein, warum die Regale leer sind. Wiederum zählt das niederschmetternde Ergebnis: Die Kunden sind unzufrieden.

Letztes Beispiel: Dem IT-Kunden ist es egal, warum der Programmierer nicht vor Ort ist – das Projekt steht vor dem Kollaps.

Unabhängig von der Branche (Produktion, Handel, Anwender, Dienstleistungen etc.) gilt:

Der Grund ist zweitrangig, die Auswirkung und deren Lösungen sind vorrangig!

Genial ist, wenn Du sofort eine Lösung parat hast, statt Feuerwehr spielen zu müssen. Darum: Entwickle aus den reaktiven Aktionen präventive Aktionen, die dazu führen, dass das Band nicht stillsteht, die Regale gefüllt sind und die Programmierung fortgesetzt werden kann. Dies gelingt Dir, weil Du mit analytisch-strategischem Scharfblick in vergangenen Katastrophen und Krisen Muster erkannt hast und nun in der gegenwärtigen Krisensituation proaktiv mit Problemlösungen aufwarten kannst, die sich bereits im Praxiseinsatz bewährt haben.

Vermutlich werden stets gewisse Anpassungen notwendig sein – entscheidend ist, dass Du allen anderen Beteiligten einen Schritt voraus bist und im Gegensatz zu ihnen nicht in der bloßen Problembeschreibung stecken bleibst, sondern frühzeitig mit konkreten Lösungen überzeugst.

Phase 5: Die eigene Position verbessern

Als Prinzip bleibt festzuhalten: weg von den Gründen, hin zu den Auswirkungen der Katastrophen und Probleme! Die nächste Logistikkrise kommt bestimmt. Wenn Du das beschriebene Vorgehen auf Deine Arbeit überträgst, hast Du die Lösungen bereits in der Schublade liegen, um Deinem Unternehmen substanziell zu helfen – und damit gleichzeitig an Deiner Reputation zu arbeiten. Ich kenne viele Einkäufer, die durch ihren analytisch-strategischen Scharf- und Weitblick und ihre proaktiven Lösungsansätze ihre Position und ihren Einflussbereich in Unternehmen und Einkaufsabteilung erheblich verbessern konnten.

Auswirkung (Dein tatsächliches Problem)	**Gründe (das sind Beispiele, im Prinzip sind die Gründe egal resp. austauschbar)**	**Lösungen**
Beispiel 1: Lieferkette reißt	Wetterkatastrophe, Lkw-Unfall, Hochwasser, politische Behinderung	Lagerbestand erhöhen, Pufferlager anlegen, zweite Quelle, Second Source aufbauen, Make or buy abwägen
Beispiel 2: Preise steigen rasant	Hamsterkäufe, Nachfrageschub durch Unwetter, Trends, Saisonschwankungen, Krieg	Vertragliche Absicherung, Vorräte, Forecasts mit Preisbindung, eigene Ressourcen entwickeln, Formeln statt Marktpreise vereinbaren

Trau Dich, auch Lösungen zu kreieren, die zunächst einmal visionär oder unrealistisch erscheinen und zu erheblichen Kosten und einem hohen Aufwand führen. In der Lösungsfindungsphase muss und darf »groß« gedacht werden. Lösungen, die sich nicht umsetzen lassen, können zu einem späteren Zeitpunkt immer noch über Bord geworfen werden. Und wenn Du die Umsetzung eines Vorschlags selbst nicht entscheiden möchtest, leg Deine Vorschläge wenigstens der Geschäftsführung zur Diskussion vor. Damit beweist Du Verantwortungsbewusstsein und belegst Deinen Willen und Deine Fähigkeit zum vorausschauenden Denken und verantwortlichem Handeln.

Strategie 2: Die Machtfrage - versetze Dich in Dein Gegenüber

Gehörst Du zu den Einkäufern, die davon ausgehen, dass in kritischen Verfügbarkeitssituationen der Lieferant am längeren Hebel sitzt? Auch hinsichtlich der Lieferkettenproblematik? Dann lohnt sich die Überlegung, ob das überhaupt so stimmt. Denn die Machtfrage gehört zweifelsohne zu den stärksten Einflussfaktoren auf ein Verhandlungsergebnis. Wer die Machtverteilung falsch einschätzt, setzt sich selbst ins Hintertreffen und verschlechtert in komplexen und schwierigen Verhandlungen mit Lieferanten seine Ausgangsposition.

Der Verkäufer als Dein Anwalt im Büro des Lieferanten

Meiner Erfahrung nach sitzen selbst in Zeiten der »begehrten Mangelware« die Lieferanten viel seltener am längeren Hebel als die meisten Einkäufer vermuten. Deutlich wird dies, wenn Du Dir klarmachst, dass die Ausgangssituation des Lieferanten und die des Verkäufers als dem Repräsentanten des Lieferanten nicht identisch sein muss, ja, selten identisch ist. Zwar verfügt derjenige Lieferant mit Lagerbeständen angesichts der Lieferproblematik über eine gute Verhandlungsposition. Intern jedoch stehen die Verkaufsbeauftragten im Wettbewerb um eben diese Menge und sind darum meist durchaus zu Zugeständnissen bereit – und zwar bezüglich des Preises und der Menge.

Dein Gesprächspartner, der Verkäufer, ist mithin ganz und gar nicht in einer unschlagbaren Verhandlungsposition. Und zwar auch noch aus diesem zweiten Grund: Das Lieferantenunternehmen setzt seine Verkäufer unter erheblichen Druck. Denn die Erwartungshaltung des Vertriebsunternehmens ist: »Wir sind in dieser Phase so stark, lieber Verkäufer, also komm ja nicht mit einem schlechten Ergebnis zurück!« Dem Verkäufer bleibt gar nichts anderes übrig, als mit einem Abschluss in seine Firma zurückzukeren. Er ist demnach in einer gleich starken oder eben gleich schwachen Position wie Du. Oder eventuell sogar in einer schwächeren. Das heißt:

- Der Verkäufer ist möglicherweise das schwächste Glied in der Kette des Lieferantenunternehmens.
- Letztendlich führt seine Schwäche zu einer Schwächung auch des Lieferanten.
- Es erscheint zunächst einmal paradox: Die Stärke des Lieferanten entpuppt sich zugleich als seine größte Schwäche.

Die Gegenseite ist stärker - vermuten beide Seiten!

Pointiert ausgedrückt: In einem solchen Fall sind die Verkäufer unsere Anwälte im Büro des Lieferanten, also seiner Firma. Diesen Umstand gilt es zu nutzen! Zumal ich Dir bestätigen kann, dass die Verkäufer oftmals ähnlich wie Du denken und der Meinung sind, dass Du, der Einkäufer, eigentlich über die bessere Ausgangs- und Verhandlungsposition verfügst.

Stets die beste Alternative zum angestrebten Verhandlungsziel beachten

Vielleicht hast Du eines meiner Trainings besucht und hast noch die vier BATNAs in Erinnerung. Für alle anderen Leser und Leserinnen sei kurz erklärt: Wir verfügen immer über Handlungsalternativen. Und in Verhandlungen hat derjenige eine gute Position, der bessere oder gleichwertige Handlungsalternativen hat. Das Akronym BATNA lautet ausgeschrieben *Best Alternative To a Negotiated Agreement*. Gemeint ist: Derjenige, der eine Alternative für den Fall des Scheiterns in der Tasche hat, hat eine stärkere Verhandlungsposition. Du solltest also stets eine weitere Alternative *vor* der anstehenden Verhandlung vorbereiten. Denn es gibt immer eine Option zum angestrebten Verhandlungsziel. *Der Vorteil*: Wenn Du weißt, dass Du zum Beispiel außerhalb der Verhandlungssituation über eine oder gar mehrere Alternativen verfügst, befreit Dich dies von einem enormen Druck. Du bist in der Lage, freier und unbeschwerter zu verhandeln.

Nehmen wir das folgende Beispiel: Die Einkäuferin Steffi Fuchs soll ein Material mit dem Lieferanten Müller verhandeln. Sie kann das Material alternativ bei zwei Firmen beziehen und zusätzlich in der firmeneigenen Gießerei herstellen. Steffi hat also viele Optionen und damit eine starke

Verhandlungsposition, denn sie kann bezüglich der Verhandlung mit dem Lieferanten Müller auf Alternativen ausweichen.

Im Beispiel von Steffi Fuchs steht nur eine BATNA im Fokus, nämlich ihre eigene. Gerade in schwierigen Verhandlungssituationen lohnt es sich jedoch, mindestens vier BATNAs zu betrachten:

- Einkäufer-BATNA
- Verkäufer-BATNA
- Kunden-BATNA
- Lieferanten-BATNA

Klar ist: Insbesondere die BATNA Deines Gegenübers musst Du realistisch vor Augen haben, um dessen Verhandlungsmacht einzuschätzen und gut auf die Verhandlung vorbereitet zu sein.

Der Einfluss einer übervorsichtigen Haltung

Kennst Du das auch? Allzu oft beschäftigen wir uns mit dieser Frage: Was passiert bei mir oder uns, wenn die Verhandlung scheitert oder vertagt wird? Im Vergleich zu den Chancen schätzen wir die Risiken ungleich größer ein. Tief im Inneren glauben wir eher ans Scheitern als ans Gelingen. Wir sehen das oft zitierte Glas Wasser nicht nur »halb leer«, sondern »dreiviertel leer«. Und statt uns auf die Chancen und Möglichkeiten zu fokussieren, rücken wir die Risiken und Gefahren in den Mittelpunkt, wollen uns gegen diese wappnen. Für Dich bedeutet das: Du gehst mit negativen Emotionen in das Gespräch und die Verhandlung. Das ist eine für den Verhandlungserfolg kontraproduktive Haltung.

Woher eigentlich kommt diese Einstellung? Dafür trägt unsere Entwicklungsgeschichte die Verantwortung, die uns entsprechend geprägt hat: In der Urzeit hat einer unserer Vorfahren ein Rascheln im Gebüsch gehört. Er musste sich entscheiden zwischen:

- »Oh, da schau ich gleich nach - das könnte ein schöner Vogel sein, der mir nichts tut!«
- »Das könnte ein Säbelzahntiger sein, der sich anschleicht und sich gleich auf mich stürzt, um mich zu verspeisen – ich bring mich lieber in Sicherheit.«

Um es klar zu sagen: Wir stammen nicht von den Vogelfreunden, sondern den Sicherheitstypen ab. Denn die unbedarft positiv denkenden Urmenschen wurden im Zweifel zu Tigerfutter. Die übervorsichtigen Urmenschen hingegen überlebten und gaben ihre DNA über die Generationen immer weiter. Das Unterbewusstsein der erfolgreichen Spezies hat also entschieden: »Lieber einmal zu viel vor einem niedlichen Vogel davongelaufen als einmal zu wenig vor einem Säbelzahntiger.« Dieses Verhalten prägt uns bis heute, als Erfolgskonzept hat es uns immerhin das Überleben gesichert. Die Kehrseite der Medaille: Wir agieren zumeist risikoscheu, halten am Bewährten fest und meiden Veränderungen.

Übertragen wir das auf den Einkauf: Das Beispiel »knappe Ware« zeigt, dass jene Risikoscheu unser Verhandlungsverhalten beeinflusst. Nehmen wir an, der Einkäufer Felix Darwin muss ein Produkt beschaffen, welches aktuell schlecht verfügbar ist. Die Nachfrage ist groß, das Angebot klein. Felix Darwin hat mithin wenige, eigentlich sogar keinerlei Optionen. Denn er vermutet, auch bei den Wettbewerbern seines Stammlieferanten – also den anderen möglichen Lieferanten – keine Chance zu haben: »Die haben ja nicht mal genug Ware, um die eigenen Kunden zu bedienen!« Mit seiner BATNA sieht es also schlecht aus.

Betrachten wir die BATNA der ihm zugeordneten Verkäuferin Sigrid Sales. Mit deren BATNA müsste es eigentlich besser aussehen. Und tatsächlich: Sigrid Sales' Firma freut sich über eine große Nachfrage, die die vorhandene Ware übersteigt. An Kunden mangelt es nicht. Nun aber der entscheidende, oben bereits angedeutete Punkt:

Sigrid Sales steht als Verkäuferin im unternehmensinternen Wettbewerb!

Sie muss sich intern gegen ihre Kolleginnen durchsetzen, um die vorhandene Ware für ihre Kunden zu sichern. Dabei würde ihr helfen, den Auftrag nicht später, sondern jetzt sofort zu erhalten. Denn morgen schon könnten die eigenen Lager leer sein. Und vielleicht hängt deren Füllung auch wiederum von Vorprodukten ab, die gerade auf dem Seeweg feststecken – Sigrid Sales steckt im Lieferkettendilemma (wenn Dich das interessiert und Du verstehen willst, wie die Vertriebsseite gerade tickt und argumentiert, findest Du mehr im Booklet »Alles wieder auf Kette«, siehe letzte Seite). Morgen könnten ihre Kollegen Aufträge eingebucht haben, die den gesamten Lagerbestand aufbrauchen. Für Sigrid Sales bliebe dann nichts mehr übrig.

Weil sie diesem Druck ausgesetzt ist, ist Sigrid Sales bereit, Felix Darwin Zugeständnisse zu gewähren. Lieber bucht sie heute den Auftrag für einen Neukunden ein, als ihren internen Wettbewerbern die Produkte zu überlassen. Schließlich geht es auch um ihre Provision.

Objektiven Überblick zu den Machtverhältnissen verschaffen

Das Beispiel zeigt zweierlei: Sigrid Sales agiert mehr als egoistische Taktiererin, weniger als risikobereite Verhandlungspartnerin. Zum anderen führt ihre unternehmensinterne Situation zu einer deutlichen Relativierung ihrer zunächst starken Verhandlungsposition. Was dem Einkäufer Darwin neue Alternativen und BATNAs eröffnet: Der glückliche Felix darf sich freuen, dass sich aus seiner anscheinend nachteiligen Verhandlungsposition eine starke Verhandlungsposition entwickeln lässt.

Lass uns das Beispiel verallgemeinern:

- **Schlussfolgerung 1:** Bei der Vorbereitung schwieriger Verhandlungen – insbesondere bei Verhandlungen im Kontext mit Lieferkettenproblemen – solltest Du stets die Methode der vier BATNAs nutzen. Denn erst dann hast Du einen annähernd objektiven Blick, wie sich die Macht in der anstehenden Verhandlung tatsächlich verteilt. Und nur wer diesen objektiven Überblick hat, kann die Machtverhältnisse zu seinen Gunsten verändern.
- **Schlussfolgerung 2:** Die Analyse der BATNAs lohnt sich, weil sie Aufschluss darüber gibt, ob es besser ist, mit Druck zu arbeiten, nachzugeben oder eine Win-win-Strategie zu verfolgen, bei der das Ziel darin besteht, dass alle Beteiligten zufrieden mit den Verhandlungsergebnissen sind.
- **Schlussfolgerung 3:** Grundvoraussetzungen dafür sind die Bereitschaft und die Fähigkeit, neben den eigenen Zielen auch die Motive, die Ziele und die BATNAs der Gegenpartei zu erkennen und zu berücksichtigen.
- **Schlussfolgerung 4:** Auch wenn die Produkte, die Dein Unternehmen und Du dringend benötigen, kaum verfügbar sind, stehst Du nicht mit dem Rücken zur Wand. Denn für Deinen Verhandlungserfolg ist meistens weniger Deine BATNA, sondern die BATNA Deiner Verhandlungspartner ausschlaggebend.

Übrigens: Dein Gegenüber könnte dem Irrglauben aufsitzen, Du wüsstest nicht, in welcher Zwangslage er sich befindet. Ich rate Dir daher, die

Fakten auf den Verhandlungstisch zu legen. Für das Beispiel oben bedeutet das, dass Felix Darwin frank und frei äußert: »Liebe Sigrid Sales, ich vermute, dass Sie intern um die verfügbaren Mengen mit Ihren Kollegen buhlen müssen. Ich wäre bereit, Sie im Verteilungskampf zu unterstützen, wenn Sie mir ebenfalls entgegen kommen. Womit kann ich Ihnen helfen und was wäre Ihre Gegenleistung?«

Das nenne ich eine echte Win-win-Situation, die vor allem möglich ist, weil Du Dich in Dein Gegenüber versetzen willst und versetzen kannst.

Strategie 3: Nutze die Vorteile von Single- und Multisource

Für die dritte Strategie, um sich nicht nur, aber auch bei Lieferkettenproblemen eine gute Verhandlungsgrundlage zu verschaffen, ist die Unterscheidung zwischen Single- und Multisource bedeutsam.

Singlesource: Vor- und Nachteile abwägen

Es gibt wirtschaftliche und gute Beweggründe, entweder alle Produkte oder Dienstleistungen, die Du benötigt, bei einem Lieferanten zu beziehen (Singlesource) oder die Umsätze auf mehrere Anbieter zu verteilen (Multisource). Für Singlesource sprechen diese Gründe:

- Die Umsatzbündelung führt in der Regel zu Mengenrabatten im Handel.
- In der Produktion verteilen sich die Fixkosten (etwa für Werkzeuge, Frachtkosten, Administrationskosten) auf eine größere Menge, wodurch der Preis des einzelnen Produkts immer weiter sinkt und sich den Stückkosten annähert. Das bedeutet auch: Je größer die Menge ist, desto weniger müssen die Fixkosten Berücksichtigung finden.
- Bei Dienstleistungen steigt die Bedeutung Deines Unternehmens und Deines Auftrags. Du bist wichtiger für Deinen Anbieter und Lieferanten, weil Dein Anteil an seinem Umsatz besonders hoch ist. Es wäre besonders schmerzhaft für ihn, Dich zu verlieren.
- Der Lieferant ist aus nun eher bereit, Deine Wünsche zu erfüllen (Customizing): Vielleicht hast Du besondere Wünsche, wie das Produkt aussehen soll, wie es verpackt oder wie es geliefert werden soll oder zu welchem Zeitpunkt es bei Dir eintrifft.

Wo viel Licht ist, ist auch viel Schatten. Es gibt Nachteile, die Du berücksichtigen und ins Kalkül ziehen solltest. Ich werde gleich beschreiben, wie es Dir trotzdem gelingt, die Verhandlung erfolgreich zu gestalten. Zunächst einmal ist es zielführend, sich die Nachteile zu vergegenwärtigen – also:

- Deine Abhängigkeit von einem Lieferanten steigt. Kann dieser nicht liefern, reißt Deine Lieferkette direkt ab. Du hast keine Alternative, die Du direkt nutzen kannst, Du verfügst über keinen anderen Lieferanten, den Du sofort ansprechen kannst. (*Mein Tipp*: Tiefer einsteigen kannst Du bei diesem Thema im Booklet »Verhandeln mit Monopolisten«, siehe letzte Seite).
- Du verlierst den Marktüberblick, weil Du die Innovationen des Wettbewerbs nicht zugespielt bekommst. Im schlimmsten Fall wird der Markt intransparent für Dich.
- Dein Preisspiegel durch Wettbewerbsangebote geht langfristig verloren. Wenn Du andere Lieferanten nur anfragst, jedoch nie beauftragst, ist es nur folgerichtig, dass diese das Interesse an Dir und Deinem Unternehmen verlieren.
- Im Umkehrschluss traut sich Dein Lieferant eher, die Preise zu erhöhen. Das geschieht entweder unentdeckt durch nicht weitergereichte Preissenkungsmöglichkeiten oder durch progressive übertriebene Preiserhöhungen. Gerade in Zeiten knapper Produkte und leicht anwendbarer Alibis (Corona, der Ukrainekrieg und andere Ereignisse werden als fadenscheinige Begründungen für Preiserhöhungen herangezogen, obwohl sie in Wahrheit keinen oder nur wenig Einfluss auf die Entwicklung der Preise Deiner Lieferanten haben) weicht der aktuelle Preis dann schnell vom wahren Marktgeschehen ab.

Singlesource: Entwickle die Nachteile zu Deinem Vorteil!

Es liegt in der Natur der Sache, dass die Abhängigkeit von einem Singlesourcelieferanten signifikant sein kann. Allerdings: Wenn Du meine Methode der vier BATNAs aus Strategie 2 nutzt, wirst Du rasch erkennen: Mit hoher Wahrscheinlichkeit wird die Sorge des Verkäufers und auch des Lieferanten zunehmen, Dich als Kunden zu verlieren. Denn dem Anbieter ist bekannt, dass Du stets den gesamten Umsatz eines Produktes an einen Lieferanten vergibst. Bei einem Wechsel rechnet der Anbieter also umgekehrt mit 100 Prozent Umsatzverlust in diesem Fall.

Diese Abhängigkeit sollte Dir Mut machen, diese Tatsache des möglichen totalen Umsatzausfalls in der Verhandlung offen an- und auszusprechen.

Entscheide und wähle bewusst, in welcher Tonlage Du diese Tatsache ansprichst. Du kannst sie nett und bedauernd oder hart und bedrohlich formulieren oder eine Zwischenstufe wählen. Ich selbst bevorzuge den partnerschaftlichen und bedauernden Ton, zum Beispiel:

> »Gerne setze ich die exklusive Zusammenarbeit mit Ihnen weiter fort. Gleichzeitig muss ich aber auch sehen, dass der Wettbewerb nicht das Interesse an uns verliert. Gerade jetzt, in Zeiten schlechter Verfügbarkeit, sieht der Wettbewerb die Chance, einen Fuß in meine Tür zu bekommen, und lockt mit attraktiven Preisen und Verfügbarkeit. Ob das wirklich passt, kann ich erst sagen, wenn ich die Angebote näher untersucht habe. Andererseits: Wenn Sie mir direkt helfen, brauche ich mich gar nicht darum zu kümmern. Welche Stückzahl können Sie mir zu welchem Preis anbieten?«

Selbstverständlich spielen die konkrete Verhandlungssituation und das Verhältnis zum Lieferantenunternehmen eine Rolle bei der Entscheidung, welche Tonalität Du wählen solltest. Tipp: Darum ist mein Angebot: Du schilderst mir die aktuelle Situation im Rahmen meiner Gratissprechstunde, sodass ich Dir konkrete Tipps und Formulierungshinweise bezogen auf Deinen speziellen Fall geben kann. Du findest die Termine auf *www.altmannsberger-verhandlungstraining.de.*

Multisource: die Beziehungsebene stärken

Kommen wir zum Multisource: Deine Umsätze sind auf mehrere Anbieter verteilt – auch hier gibt es Pro und Contra. Beginnen wir mit den Vorteilen:

- Durch den lebendigen Wettbewerb steht jeder einzelne Lieferant unter Druck, Dir marktkonforme Preise und eine bestmögliche Verfügbarkeit zu bieten.
- Ein Wechsel vom Lieferanten A zum Lieferanten B und eine Umverteilung der Umsatzvolumina sind schnell und reibungslos möglich.

- Im Katastrophenfall verlierst Du nicht alle Lieferquellen auf einen Schlag. Deine Lieferkette reißt nicht, Deine Produktion kann voll oder zumindest teilweise weiterlaufen, Deine Regale sind nicht leer, sondern ganz oder zumindest teilweise gefüllt. Die Kundenbedarfe werden gedeckt.
- Deine Fachbereiche oder Kunden (je nachdem, in welcher Branche Du verhandelst) haben mehrere Anbieter und Lieferanten bereits akzeptiert und müssen nicht in Deine aktuelle Entscheidung eingebunden werden.
- Je nach Verfügbarkeit kannst Du Deine Bestellungen beim richtigen Lieferanten platzieren und auch mehrere Lieferanten für den aktuellen Bedarf nutzen.

Wie Du bereits ahnen wirst, bleibt es nicht bei den Vorteilen, es gibt auch Nachteile. Entscheidend ist: Mangels konzentrierter Umsätze ist Deine Bedeutung in der Wahrnehmung des Lieferanten eher gering. Würdest Du ihm einen höheren Umsatz bringen, weil Du alle oder viele Produkte oder Dienstleistungen bei ihm einkaufst, würdest Du in seiner Bedeutungsskala weiter oben angesiedelt sein. Die oben beschriebenen Vorteile des Singlesource wenden sich gegen Dich: Weil dein Anteil an seinem Umsatz gering ausfällt, ist es für ihn nicht (ganz so) schmerzhaft, wenn Du nicht bei ihm abschließt. Und darum kommt er Dir bei Sonderwünschen logischerweise nicht entgegen.

Meine Empfehlung ist, dass Du umso mehr die Beziehungsebene stärkst und Dich darauf konzentriert, bei dem Lieferanten und dem Verkäufer nicht unter der Bezeichnung »Sonstige Kunden« zu firmieren. Überleg in Ruhe, welche Aktionen und Initiativen Dir helfen, die emotionale und vertrauensvolle Beziehung zu dem Lieferantenunternehmen und insbesondere zu Deinem Gesprächspartner zu stabilisieren und zu stärken.

Ein Patentrezept, ob die Single- oder die Multisourcestrategie zu bevorzugen ist, gibt es nicht. Erfahrungsgemäß überwiegen die Vorteile einer Multisourcestrategie dann, wenn die Verfügbarkeit wichtiger als der Preis ist, wenn also die Versorgungssicherheit vor der Kostenfrage rangiert.

Strategie 4: Tausche hemmende Glaubenssätze aus und setze die Zukunft als Verhandlungshebel ein

In meinen Trainings stelle ich fest, dass sich in schwierigen Zeiten die Verhandler auf der Einkaufsseite oft selbst im Weg stehen, weil sie hemmenden Glaubenssätzen oder blockierenden Dogmen anhängen, die den Verhandlungserfolg verhindern. Wissenschaftlich gesprochen, verstehen wir unter einem Glaubenssatz oder Dogma eine scheinbar unumstößliche Aussage, deren Wahrheitsanspruch ungeprüft als richtig akzeptiert wird.

Konkretes Beispiel: Der Glaubenssatz »In der aktuellen Situation mit den vielen Lieferschwierigkeiten kann ich ohnehin nichts machen, die Preise steigen ohne Ende, ohne dass ich das steuern kann! Wenn ich den Preis nicht von vornherein akzeptiere, reißt die Lieferkette hundertprozentig« wird von dem Einkäufer unreflektiert bejaht. Und zwar mit der Konsequenz, dass er alle Bemühungen einstellt, das Verhandlungsergebnis überhaupt noch in seinem Sinn beeinflussen zu wollen. Widerstandslos akzeptiert er das Angebot des Verkäufers, egal, zu welchem Preis! Wo der Glaube fehlt, fehlt auch ein Weg. Mit dem Verkäufer hart um Preise, Konditionen und Konditionen kämpfen? Nein, danke!

Mit Selbstüberzeugung in die Zukunft schauen

Das Tragische an Glaubenssätzen und Dogmen ist, dass sie wie eine selbsterfüllende Prophezeiung wirken: Da der Einkäufer davon ausgeht, die Situation nicht verändern zu können, und fest davon überzeugt ist, dass seine Einschätzung der zukünftigen Entwicklung unumstößlich ist, setzt er wenig Kraft daran, aktiv Initiativen umzusetzen. Kein Wunder, dass die erwartete und prognostizierte Zukunft dann tatsächlich auch eintrifft: »Siehst Du! Ich habe es doch gewusst. Wir können nichts ändern!« Der Einkäufer fühlt sich bestätigt und wird bei der nächsten Verhandlung wiederum ungeprüft an seinem Glaubenssatz festhalten und sich einmal mehr selbst der Möglichkeit berauben, Einfluss zu nehmen.

Es ist erstaunlich: Obwohl dieser Zusammenhang und Mechanismus hinlänglich beschrieben worden ist und bekannt sein müsste, geraten Einkäufer immer wieder in diesen Teufelskreislauf. Übrigens auch die Verkäufer! Was also tun? Bewährt hat sich eine Vorgehensweise in drei Schritten.

Schritt 1: Mit Selbstreflexion starten

Geh zunächst einmal in die Selbstreflexion und frag Dich selbstkritisch, welchen Glaubenssätzen Du anhängst. Zielführend ist es, Fremdeinschätzungen einzuholen und im beruflichen und privat-persönlichen Umfeld mit Menschen Deines Vertrauens zu klären, welche Glaubenssätze Dich blockieren. So könntest Du zum Beispiel mit mir telefonieren. Das Problem ist oft, dass wir selbst kaum in der Lage sind, die uns hemmenden Überzeugungen eindeutig zu benennen. Hilfestellung von außen ist dann wichtig und richtig.

Schritt 2: Motivierenden Glaubenssatz verankern

Nun ersetzt Du Deine Glaubenssätze und Dogmen direkt durch motivierende Einstellungen und Überzeugungen. Am besten ist, Du startest mit dem Glaubenssatz, der Dich offensichtlich am meisten blockiert. Ein starker motivierender Glaubenssatz lautet: »Mindestens ein Prozent geht immer – auch partnerschaftlich!« Das Motto hat sich in meinem verhandlerischen Leben stets bewahrheitet und bewährt. Übernimm das Motto gern für Deine Verhandlungen, indem Du es Deinen Rahmenbedingungen anpasst. In Krisensituationen verändere ich dieses Motto minimal: »Mindestens ein Prozent geht immer – auch wenn ich eine Preiserhöhung nur um ein Prozent zurückdrehe!«

Schritt 3: Gute Stimmung mit der inneren Stimme erzeugen

Wichtig dabei ist, die innere Stimme zu beruhigen, die Dir einzureden versucht, dass »das alles ja doch keinen Sinn ergibt«. Allerdings geht es nicht um die Verdrängung der inneren Stimme, ganz im Gegenteil: Du musst sie ernstnehmen. Denn sie hört erst auf, Dich zu stören und zu nerven, wenn sie sich »verstanden« fühlt:

- »Du hast ja recht, innere Stimme. Ja, akzeptiert, momentan habe ich schlechte Aussichten. Daher suchen wir einen anderen Weg. Einverstanden?«
- Die Reaktion der inneren Stimme: »Okay, einverstanden!«
- Sobald sich aufgrund der positiven Stimmung konstruktive Wege eröffnen, stellst Du Dir eine strategische Verhandlungsfrage, etwa: »Hat dieser nachteilige Zustand in der Vergangenheit ewig angehalten? Wie war es bei vorherigen Krisen?« Die Analyse zeigt oft: »Auf ein Tief folgte stets ein Hoch!«
- Und schon hast Du den nächsten zugkräftigen Ansatz, in Krisensituationen eine gute Verhandlungsposition herzustellen. Wie das geht, zeige ich Dir jetzt.

Die Zukunft mit ins Boot holen

Es mag sein, dass aktuell alle Fakten gegen ein gutes Verhandlungsergebnis sprechen. Sobald Du aber die Zukunft in Deine Verhandlung einbeziehst, wechseln die Vorzeichen. Dabei verlange ich nicht von Dir, unvorhersehbare Zusagen an den Lieferanten zu geben. Seine Sorge um die Zukunft ist allerdings ein guter Hebel, den Du nutzen solltest. Dazu erstellst Du zunächst einmal eine Faktensammlung, etwa:

- Die Ware ist knapp.
- Der Verkäufer steht im Wettbewerb mit seinen internen Kollegen.
- Die Wettbewerber nutzen die Situation aus, um den Fuß in die Türe von Neukunden zu stellen.
- Auf Ebbe folgt Flut: Irgendwann wird wieder mehr Ware verfügbar und die Lieferanten werden dankbar für jeden Kunden sein.

Diese Fakten verdichtest Du und stellst sie in der Startrampe deutlich dar. Eine Startrampe ist einem Eingangsstatement vergleichbar, mit dem Du dem Verkäufer kurz und bündig die Ausgangslage der Verhandlung und Deine Position darstellst (Tipp: Wenn Du magst: Alles zur Startrampe findest Du in Kapitel 3 des Buches »Profitabler Einkauf«, siehe letzte Seite). Zudem gilt es, Zusagen zu treffen, die Dich nicht in eine Abhängigkeit bringen. Das Versprechen »Wenn Sie mir heute helfen, werde ich immer und ewig bei Ihnen kaufen!« ist überzogen. Das kannst Du nur ein Mal nutzen, ohne wortbrüchig zu werden. Dem Verkäufer reicht es oft schon, wenn Du ihm eine gewisse Bevorzugung bei zukünftigen Umsätzen versprichst und seine Zukunft auf diese Weise ein wenig absicherst. Diese Bevorzugung solltest Du von den realen Vergabekriterien abhängig machen: »Sollten Sie uns in der jetzigen Situation mit ausreichend Ware versorgen, sind wir bereit, Sie in zukünftigen Vergaben zu bevorzugen, wenn die kaufmännischen Randdaten ebenfalls marktgerecht sind.«

Redlichkeit und Vertrauenswürdigkeit – Zeichen des guten Kaufmanns: Binde Dich also nur an Versprechen, die Du in der Zukunft halten kannst und halten willst.

Die Zukunft mit ins Boot holen heißt, in langfristigen Dimensionen zu denken und zu handeln. Ein Beispiel dient der Verdeutlichung: Ingmar Kampus, Inhaber eines Maschinenbauunternehmens am Rhein, hatte schon immer einem längerfristigen Vertrag mit Lieferanten widersprochen. Oft wurde der Wunsch nach mehrjährigen Abschlüssen in Verhandlungen zwischen seinem Einkauf und den Lieferanten seines Unternehmens laut. Gern wären die Lieferanten dann zu einem weiteren Zugeständnis bereit gewesen. Doch Ingmar Kampus lehnte das ab.

Als ich in seinem Auftrag eine Verhandlung führte und diese wegen der Frage der Langfristigkeit ins Stocken geriet, hinterfragte ich Ingmar Kampus' Position: »Was ist Ihr dahinterliegender Gedanke, wenn Sie mehrjährige Verträge routinemäßig ablehnen?« Kampus berichtete von schlechten Erfahrungen. So fühlte er sich von einem Lieferanten über den Tisch gezogen, der die Preise im zweiten Kooperationsjahr drastisch erhöhte – weit über die marktüblichen Preissteigerungen hinaus.

Nach einiger Diskussion konnte ich ihn für meinen Vorschlag gewinnen: Wir schlossen mehrjährige Verträge zu besonders günstigen Konditionen ab. Zudem vereinbarten wir mit den betreffenden Lieferanten Ausstiegsklauseln für all das, was Ingmar Kampus befürchtete. Würde der Lieferant den Preis über das Niveau des restlichen Markts erhöhen, so stünde uns ein Sonderkündigungsrecht zu. Nach dem gleichen Muster gingen wir bezüglich der weiteren Befürchtungen vor: »Grundsätzlich wird eine fünfjährige Kooperation angestrebt. Bei Eintreten der Befürchtung XY steht dem Kunden ein Austrittsrecht zu!«

Spannend war dabei auch das: Obwohl Ingmar Kampus lange Kooperationen äußerst zurückhaltend beurteilt hatte, waren die meisten Lieferanten schon seit Jahrzehnten an Bord. Du ahnst wahrscheinlich, wie viel Einsparpotenzial in der Vergangenheit verloren gegangen war.

Es lohnt sich also, bei dem Versuch, mit dem Lieferantenunternehmen und dem Vertrieb auf Augenhöhe zu kommunizieren und zu verhandeln, die Brille der Langfristigkeit aufzusetzen. Wer so die Zukunft mit ins Verhandlungsboot holt, sorgt für beide Seiten – die Einkaufs- und die Verkaufsseite – für ein Gefühl der Sicherheit.

Strategie 5: Nutze Forecasts, um Deine Verhandlungsposition zu stärken – auch in Lagen, wenn Forecasts eigentlich unmöglich sind

Um zu verdeutlichen, wie und unter welchen Umständen Forecasts zur Verbesserung Deiner Verhandlungsposition führen, lass uns mit einem authentischen Beispiel arbeiten, das sich zu einer Zeit ereignete, als die Folgen der großen Krisen unserer Zeit (wie Coronapandemie und Ukrainekrieg) noch nicht abzusehen waren.

Die Problemdarstellung – die Auseinandersetzung mit dem Forecast

»Einen Forecast können wir nicht abgeben«, sagte der Produktionsleiter eines Automobilzulieferers und ergänzte: »Wir wissen ja nicht, was der Automobilhersteller in den kommenden Monaten abrufen wird!« Damit zog er der Einkäuferin, die ich an dieser Stelle Cordula Green nenne, eine wichtige Optimierungschance weg. Sie hatte in der Woche zuvor mit einem Lieferanten gesprochen, der schon mehrmals die gewünschte Quantität nicht liefern konnte. Mit einem Forecast, so versicherte der Lieferant, könne er die Lieferquote deutlich anheben, wenn nicht sogar auf 100 Prozent steigern. Notwendig wäre aber die Zusage des Kunden – also die Zusage der Einkäuferin Cordula Green und ihres Unternehmens –, bestimmte Produkte oder Dienstleistungen in einem bestimmten Umfang zu einer bestimmten Zeit abzunehmen.

Solche Versprechen wie die des Lieferanten sind in der heutigen Marktlage Gold wert. Stets die gewünschte Menge rechtzeitig erhalten – damit ist die Hauptaufgabe des Einkaufs schon mal gesichert. Jetzt aber versperrte der Produktionsleiter den Weg zu mehr Zuverlässigkeit, schob aber die Schuld (wenn zu wenig Produktionsmaterial vorrätig war) auf den Einkauf. Das ist nicht zweckmäßig und fair.

Zusammen mit Cordula Green versuchte ich, den gordischen Knoten zu zerschlagen, der insbesondere durch das Verhalten des Produktionsleiters entstand, der den Forecast ja kategorisch ablehnte, ohne sich mit Gestaltungsmöglichkeiten auch nur ansatzweise zu beschäftigen.

Nachträglich wissen wir: Unser Produktionsleiter hatte Sorge, unnötige – also später nicht benötigte – Produkte geliefert zu bekommen. Aus unserer Sicht war und ist das ein Missverständnis: Denn ein Forecast ist keine vorgezogene Bestellung – im Gegenteil: Alle Parteien sind sich im Forecastfall einig, dass es sich um eine Vorhersage handelt, die auf aktuellen Kenntnissen und der analytischen Einschätzung der Realitäten beruht.

Zurück zu der damaligen Ausgangslage: Es boten sich mehrere Möglichkeiten an, den Forecast zu starten, die in Bezug auf Aufwand und Lösung abzuwägen waren:

- **Möglichkeit 1**: Per Geschäftsführungsentscheidung den Produktionsleiter zu Forecasts zwingen
- **Möglichkeit 2**: Im Einkauf eigenständig einen Forecast auf der Basis von Erfahrungswerten erstellen, sodass die Wahrscheinlichkeit groß ist, dass die Zukunft damit ausreichend zuverlässig abgebildet wird
- **Möglichkeit 3**: Klarstellen, dass der fehlende Forecast zu Problemen führen wird, der Einkauf aber dafür keine Verantwortung trägt
- **Möglichkeit 4**: Ein Pufferlager anlegen, um die Versorgung abzusichern

Mein Tipp in dieser Situation ist: Versetze Dich nacheinander in die Lage vor den Krisen A bis X und überprüfe gedanklich, inwieweit die **Möglichkeiten 1** bis **4** dazu taugen, das gewünschte Ziel zu erreichen. Die Krisen A bis X stehen für die Krisen-Cluster, die Du in dem Kapitel »Strategie 1: Lern aus vergangenen Katastrophen und Krisen« bestimmt hast.

Forecast als Win-win-Lösung

Cordula Green und ich verwarfen relativ schnell die erste Idee mit der erzwungenen Anweisung durch die Geschäftsführung. Auch die vierte Möglichkeit war schnell beiseitegeschoben: Ein Pufferlager hätte zwar viele unserer Probleme gelöst, zugleich jedoch hohe Kosten für die Lagerung verursacht. Pufferlager sind also eine Notlösung, falls keine besseren Lösungen möglich sind. *Allerdings*: Hätten wir damals geahnt, was mit der Corona- und Ukrainekrise auf uns zukäme, wäre die Idee doch interessant gewesen – selbst wenn dafür Lagerplatz hätte angemietet werden müssen.

Auch Möglichkeit 3 kam nicht infrage – wir wollten zu einer konstruktiven Lösung gelangen und waren der Meinung, es sei richtig, mit einem Forecast zu arbeiten.

Letzten Endes hat die zweite Idee mit dem eigenständigen Forecast auf Basis von Erfahrungswerten die größte Zustimmung gefunden. Wir nutzten dabei eine interessante Methode, um die Idee zur Umsetzungsreife zu entwickeln, und stellten uns die Frage: »Was kann dabei schiefgehen, das wir auf jeden Fall verhindern wollen?« Wir sammelten folgende Aspekte:

- Erfahrungswerte sind gut, aber keine Garantie
- Das unternehmerische Risiko darf nicht beim Einkauf liegen
- Erhebliche Überbestände sind zu vermeiden

So sind wir dann in die Umsetzung gestartet. Nachdem die Geschäftsführung die Idee mit dem Forecast abgesegnet hatte, hatten wir die Rückendeckung, auf Basis der Erfahrungswerte Forecasts abzugeben.

Mit dem Lieferanten vereinbarten wir, dass eine Flexibilität von 20 Prozent zwischen Forecast und tatsächlicher Bestellung akzeptiert wird. Die 20 Prozent ergaben sich aus unserer Rückkalkulation. Wir rekonstruierten die Bestellung der letzten fünf Jahre und spielten kaufmännisch durch, welche Forecasts wir in der hypothetischen Situation abgegeben hätten und welche Quantität tatsächlich benötigt wurde. Dabei achteten wir darauf, dass das Lager niemals leer war, sondern im Zweifel eher zu voll sein würde. Mit 20 Prozent Flexibilität hätten wir in unserer Rechnung spätestens nach 60 Tagen wieder die optimale Lagermenge erreicht. Wenn also zu hohe Werte im Forecast ausgewiesen worden wären, hätten die nachfolgenden Bestellungen reduziert werden können, und zwar so lange, bis die Werte wieder deckungsgleich wären und die Lagermenge wieder das gewünschte Niveau erreicht hätte.

Der spielerische Nachvollzug war übrigens mithilfe einer Tabellenkalkulation eine leichte Sache, da sich alle Bestellungen per Formel in den vermuteten Forecast übersetzen ließen.

Mit dem vereinbarten Forecast über sechs Monate hatten wir in der Coronakrise zunächst einen zu hohen Pufferbestand, der zeitnah abgebaut wurde. Als die Nachfrage dann wieder anzog, wies der Forecast überproportionale Mengen aus, die uns in den Folgemonaten eine stressfreie Versorgung sicherten. Lediglich zwei Produkte waren dennoch nicht rechtzeitig im Lager. Das lag jedoch nicht an den Forecastzahlen, sondern an einem fehlenden Produkt des Vor-Vor-Lieferanten. Letzteres zeigt auch: Es ist nicht damit getan, den eigenen Vorlieferanten abzusichern. Es gilt, die gesamte Lieferkette in den Forecast einzubinden. Und das bedeutet:

Jeder Beteiligte in der Lieferkette muss mit seinem jeweiligen Vorlieferanten eine passende Vereinbarung treffen. Nur dann ist es möglich, eine Win-win-Lösung für Einkauf und Verkauf umzusetzen.

Mit Forecast Preisbindung erzielen

Zudem lässt sich über einen Forecast eine weitreichende Preisbindung erzielen. Leicht ist das sicherlich nicht zu bewerkstelligen. Grundsätzlich besteht ein Zusammenhang zwischen Bevorratung und stabilem Preis. Für diejenigen, die diesbezüglich über nur wenige Erfahrungen verfügen, sei erklärt: Wenn Du einem Lieferanten für eine lange Periode die Abnahme seiner Erzeugnisse oder Dienstleistungen zusicherst, kann er entsprechend günstiger die Rohstoffe beschaffen oder entsprechend effizienter den Personaleinsatz planen. Rohstoffe wird er in der Regel dann beschaffen, wenn sie besonders günstig sind. Die Erwartung an erfahrene Lieferanten ist, dass diese günstiger als im Schnitt einkaufen. Wer bevorzugt in Preis-Tälern kauft und nur bei absoluter Notwendigkeit auf Preis-Bergen, wird automatisch besser als das Zufallsprinzip liegen.

Dem Einsparungseffekt gegenzurechnen sind die Lagerkosten. Je nach Volumen und Ansprüchen an die Art der Lagerung (trocken und kühl in einer Halle oder als Schüttgut auf dem Hof) führt das zu einem Break-even, der eine Bevorratung teurer macht als den bedarfsgerechten Einkauf. Dann kostet es mehr als üblich.

Das bedeutet also: Ein Forecast ermöglicht den Einkauf von Rohstoffen zu besonders günstigen Zeitpunkten. Je länger die Bevorratung gefordert ist, umso teurer wird die Lagerung.

Im Sinne der Stabilität von Lieferketten ist vorrangig die Verfügbarkeit der Produkte beabsichtigt. Das muss – wie oben gezeigt – aber nicht sofort in einer Kostensteigerung enden, sondern erst, wenn die Lagerkosten die Einkaufsoptimierung überholen.

Es gibt also genügend Gründe, die dafür sprechen, dass sich mit Forecasts sowohl die Situation des Verkaufs als auch Deine Situation verbessern lässt.

Wenn Du konkret wissen willst, wie Du meine Strategien umsetzen kannst, sprich mich einfach an. Das gilt selbstverständlich auch für die anderen Themen dieses Booklets. Dazu genügt ein Anruf unter 0151 - 16 77 9000.

Meine Notizen für die Verhandlung

Weiterlesen? Gerne! Hier –

im Buchhandel und im Online-Buchhandel sowie bei Amazon:

JETZT NUTZEN! Die Monopol-Workshop-Tage mit Urs Altmannsberger

Die Grundregel bei Monopolbearbeitung: Unter 100 Ideen ist nur eine dabei, die zündet. Um diese Idee zu finden, bietet sich unser Monopol-Workshop-Tag an. Ich biete Euch mehrere Termine, zu denen ihr in Kleingruppen Eure Lösung individuell entwickeln könnt. Termine gibt es hier:

www.altmannsberger-verhandlungstraining.de/termine

Hast Du noch Fragen?
Urs Altmannsberger bietet eine GRATIS-Hotline an

Die Termine für die gratis Sprechstunde mit Urs Altmannsberger hier:

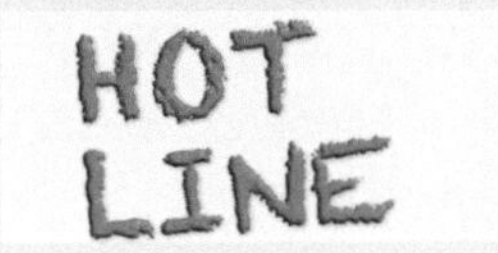

www.altmannsberger-verhandlungstraining.de/termine

MEHR VON URS ALTMANNSBERGER

Verhandeln mit Monopolisten.
Bessere Ergebnisse erreichen –
für Profi-Einkäufer in Unternehmen

ISBN 978-3-0006005-0-0

Auch als E-Book!

Profitable Purchasing.
How to Negotiate the Best Offer as a Buyer.
Guaranteed!

ISBN 978-3-9821143-1-6

Auch als E-Book!

Alles wieder auf Kette.
Wie Vertriebsprofis Lieferkettenprobleme
im Verkauf zu Gold machen und die eigene
Lieferfähigkeit sicherstellen

ISBN 978-3-9821143-8-5

Auch als E-Book!

Profitabler Verkauf.
Wie Du im Vertrieb erfolgreich Preisverhandlungen mit Profi-Einkäufern führst – und nie wieder unnötige Nachlässe gibst

ISBN 978-3-9821143-4-7

Auch als E-Book!